U0288534

到底是气味刺激了嗅觉，
还是嗅觉找到了气味？
而这其中的商机，
你嗅到了吗？

图书在版编目（CIP）数据

是什么那么臭啊？/（英）克莱夫·吉福德著；
（英）皮特·甘伦绘；云甫译. -- 北京：海豚出版社，
2020.8（2021.8重印）
ISBN 978-7-5110-5302-2

Ⅰ.①是… Ⅱ.①克…②皮…③云… Ⅲ.①嗅觉—
儿童读物 Ⅳ.①Q434-49

中国版本图书馆CIP数据核字(2020)第117973号

YOU SMELL!

北京市版权局著作权合同登记号 图字：01-2020-3044号

是什么那么臭啊？

〔英〕克莱夫·吉福德 著
〔英〕皮特·甘伦 绘

云甫 译

出 版 人	王 磊
选题策划	联合天际
责任编辑	许海杰 李宏声
特约编辑	严 雪
装帧设计	浦江悦
责任印刷	于浩杰 蔡 丽
法律顾问	中咨律师事务所 殷斌律师

出 版	海豚出版社
社 址	北京市西城区百万庄大街24号 邮编：100037
电 话	010-68996147（总编室）
发 行	未读（天津）文化传媒有限公司
印 刷	天津联城印刷有限公司
开 本	16开（787mm×1092mm）
印 张	3.5
字 数	45千
印 数	6001-9000
版 次	2020年8月第1版 2021年8月第2次印刷
标准书号	ISBN 978-7-5110-5302-2
定 价	78.00元

未小读
UnRead Kids
和世界一起长大

未读CLUB
会员服务平台

未小读
UnRead Kids

是什么那么臭啊？

跟随英国皇家学会青少年
科学图书奖获奖作者一起
"寻味"吧！

〔英〕克莱夫·吉福德 著

〔英〕皮特·甘伦 绘

云甫 译

海豚出版社
DOLPHIN BOOKS
CIPG 中国国际出版集团

目 录

臭不可闻

作为人类的感官之一，嗅觉最容易被人们忽视。虽然它在工作上勤勤恳恳，但经常被视觉、听觉等比较有表现力的感官抢去风头。可怜的嗅觉！

是时候把嗅觉拉回到舞台的中央，让我们好好感受一下它的强大了。你知道吗，各种动物的生存都离不开嗅觉，也包括我们自己——人类！当你遇到危险时，例如发生火灾、拿到发霉变质的食物，或是那个浑身脏兮兮的校霸向你靠近时，你的嗅觉就会向你发出警报。

嗅觉可以影响你的情绪、情感，可以唤醒潜藏在你脑海深处的记忆。对了，更重要的是，如果没有了嗅觉，你的味觉也就"徒有虚名"了。

通过本书，你将与世界上那些臭名昭著的恶臭制造者"亲密接触"，从大肆喷尿的大熊猫到口气堪比毒气的国王，无所不有。你将会知道，人们如何利用气味来攻城拔寨、建功立业，又有哪些臭不可闻的发明仍旧在改变着我们的生活。

在阅读的过程中，
不妨多加留意以下标识中的内容：

嗅觉实验室

逛逛嗅觉实验室，试着创造出你自己的嗅觉实验和活动吧。

嗅觉职介所

想知道有哪些靠鼻子就可以胜任的工作吗？来了解了解那些和嗅觉有关的职业吧。

难闻的你!

这没什么,在"难闻"这点上我们人人平等。我们的身上,从头到脚遍布着各种会产生怪气味的系统,捂住鼻子继续读下去吧!

体味

每个人身上都带有一种天然的气味,也就是常说的"体味"。它源自那些生活在你皮肤上的,包括细菌在内的微生物。它们会以你死去的皮肤细胞为食,并释放出特殊的气体,使你"人气十足"!

口臭

在你的嘴巴里生活着大量的细菌,它们不仅会偷吃你口中的食物残渣,还会在吃饱喝足之后,肆无忌惮地"打嗝",释放出恶臭的气体,让你的嘴巴开始发臭。

臭石头

扁桃体结石是一种黄白色的团块,是由细菌、黏液和脱落的细胞组织聚合而成的,会堆积在你扁桃体的凹陷处。这种臭石头虽然没有多大害处,但极其难闻!

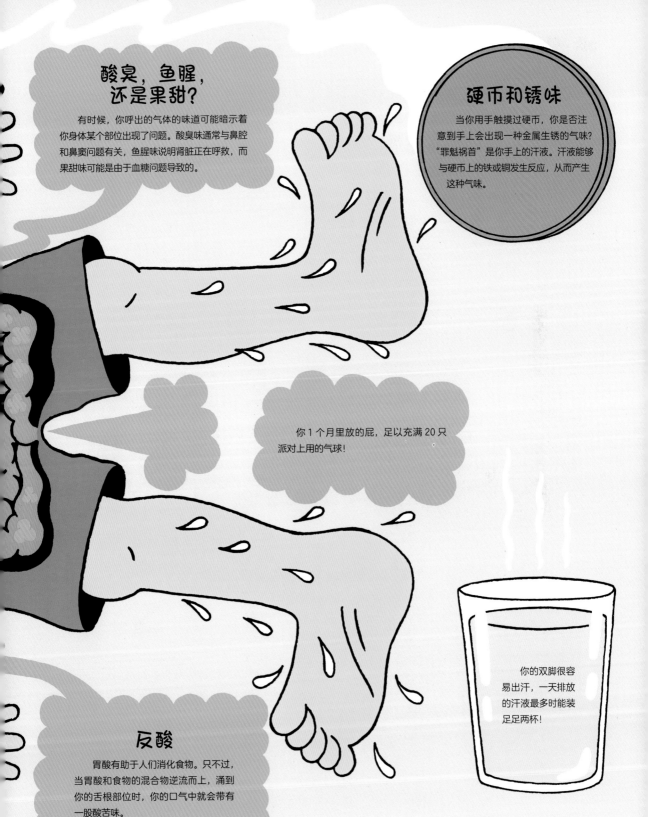

酸臭，鱼腥，还是果甜？

有时候，你呼出的气体的味道可能暗示着你身体某个部位出现了问题。酸臭味通常与鼻腔和鼻窦问题有关，鱼腥味说明肾脏正在呼救，而果甜味可能是由于血糖问题导致的。

硬币和锈味

当你用手触摸过硬币，你是否注意到手上会出现一种金属生锈的气味？"罪魁祸首"是你手上的汗液。汗液能够与硬币上的铁或铜发生反应，从而产生这种气味。

你1个月里放的屁，足以充满20只派对上用的气球！

你的双脚很容易出汗，一天排放的汗液最多时能装足足两杯！

反酸

胃酸有助于人们消化食物。只不过，当胃酸和食物的混合物逆流而上，涌到你的舌根部位时，你的口气中就会带有一股酸苦味。

嗅觉的工作原理

你到底是怎么闻到气味的？我们不妨从你的鼻孔开始一探究竟吧。注意躲避路上的鼻涕怪和其他妖怪哟！

气味是什么？

气味虽然是一种看不见、听不到也摸不着的东西，但是你的鼻子是可以觉察到的。当你闻到气味的时候，其实是你的鼻子感受到了空气当中的一些化学微粒——分子。

鼻子闻到的少量气味可能是由数百种不同类型的气味分子组成的，这些气味分子的来源十分广泛，可以来自鲜花，也可以来自臭袜子。

鼻孔探险

当你吸气的时候，你周围空气中的气味分子就会由鼻孔潜入，并一路向上，直到抵达鼻腔深处的一小片神经和微绒毛密集的区域。

这片区域叫作"嗅上皮"，嗅觉的奥秘就藏在这里。

捕获气味

嗅上皮上面排列着数百万个感受器——一种特殊的神经细胞，它们是捕获气味的大功臣。

在不到一秒钟的时间里，它们就可以用一种微小的、表面附有黏液的绒毛，即纤毛，成功捕获气味分子，并向你的大脑发送神经信号。

忙碌的大脑

位于大脑前部的嗅球会对这些"有味儿的"神经信号进行分类和传递。

这些信号会经过大脑多个区域的过滤和分析，逐一弄清楚它们分别代表什么气味，以及你是否需要对此做出反应。

通过数字看嗅觉

通常认为，人类能够分辨出 1 万多种不同的气味。不过，也有些科学家认为，这个数字可能还要高得多，可以达到 1 万亿。

在你的鼻子里，有大约 400 种不同类型的气味受体，每种受体都能够分辨出不同的气味。

什么味儿？

许多味道是由多种分子经过复杂混合而形成的，有些分子绝对会令你大吃一惊。

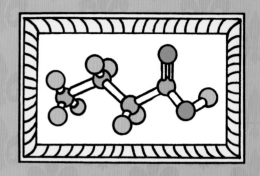

帕尔马干酪和呕吐物

酪酸味非常难闻，是奶酪闻起来令一些人作呕的关键因素。许多类型的奶酪都会释放出酪酸味，其中以帕尔马干酪为最。此外，它也使羊奶和山羊奶制品具有了一种刺鼻的味道。

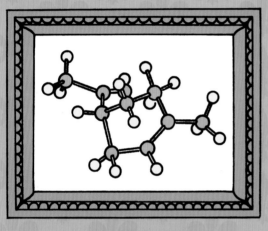

柑橘和圣诞节

柠檬烯是柠檬、酸橙和柑橘等柑橘类果实气味的主要来源。此外，圣诞树和一些家用清洁剂往往也带有这种气味。

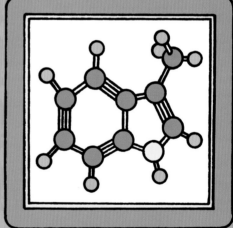

粪便和甜点

粪臭素是人类粪便气味的主要成分。令人感到不可思议的是，极其微量的粪臭素不但不臭，反而还会产生一种类似于花香的气味，可以用来打造类似柑橘花和茉莉花的那种香甜气味。因此，它经常被人们用来制造香水，人们甚至还发明了人工合成的粪臭素，用来为某些冰激凌添香。

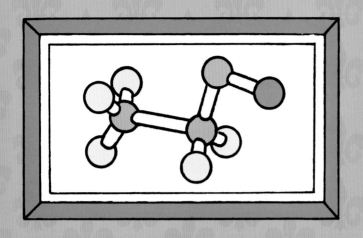

韭葱和天然气

乙硫醇是一种带有浓烈的刺激性气味的物质。有人说它闻起来就像是腐烂的韭葱，也有人说它带有臭鼬的臭气，而且经常能在臭袜子和烂白菜的气味中发现它。有时，人们会将乙硫醇添加到天然气当中，由于天然气本身是无味的，所以添加了它之后，如果再发生天然气泄漏，人们就能够及时觉察。

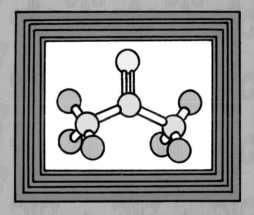

世上最臭的物质是什么？

此项"殊荣"花落谁家还未有定论，但丙硫酮绝对是一个实力派竞争者。1889年，科学家曾在德国城市弗莱堡的一间实验室里尝试制取这种物质，但这引起了人们的昏厥、呕吐和恐慌，部分居民甚至被迫撤离！

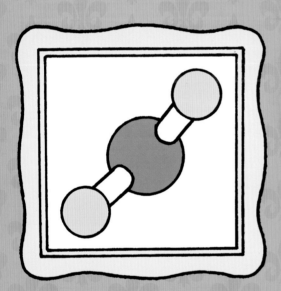

臭鸡蛋和垃圾

硫化氢能够释放出一种类似臭鸡蛋的味道，有时也存在于臭屁和极其难闻的口气当中。除此之外，你还能够在腐烂的植物和一些垃圾堆的臭气中嗅到它的踪影。当你在海边散步时，偶尔也能闻到这种气味，它来自腐烂的海藻。

嗅觉的力量

嗅觉深深吸引着科学家，这不仅是因为嗅觉可以影响我们的味觉、记忆和情绪，还因为每个人的嗅觉体验都是不一样的。

当你路过一片刚刚修剪过的草坪时，草坪的气味是否会让你瞬间回忆起自己小时候在花园里玩耍的情景？嗅觉可以成为大脑中的一把钥匙，为你解锁一些久远的记忆。

嗅觉记忆

当一种气味在空气中消散了很久之后，你的大脑仍然能够记起这种味道。这是为何？

其实，位于你大脑前部的嗅球，即最早接收到鼻子发出嗅觉信号的地方，它与你大脑里的海马体直接相关，而海马体负责的正是记忆。

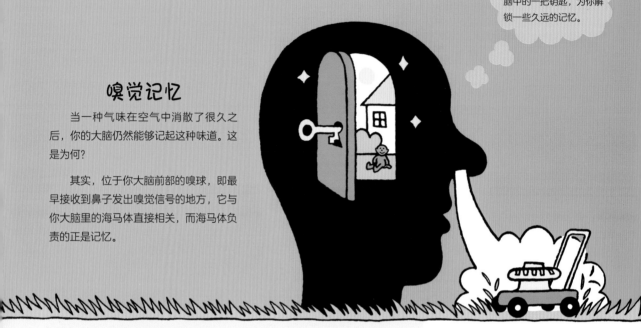

有益的气味

科学研究发现，一些气味会使人感到更加平静、乐观或更加警觉。一些公司看到了这其中的商机，在商场、宾馆中设计和释放特定的香气，从而使人们产生积极的心态，逗留更长的时间，花更多的钱。

2010 年，美国北卡罗来纳州的人们就"嗅探"到了一个散发着牛排味的广告牌。广告牌造型奇特，看起来就像是一把叉子上顶着一块牛排。广告牌的旁边还有一台巨大的鼓风机，将牛排和炭火的气味源源不断地吹送到过往路人的鼻子里。

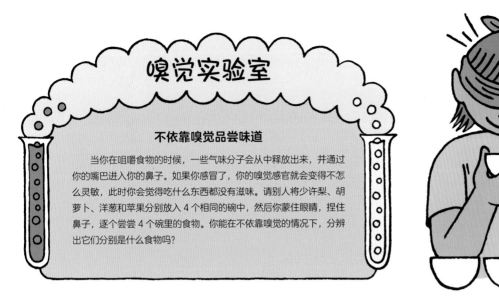

嗅觉实验室

不依靠嗅觉品尝味道

当你在咀嚼食物的时候，一些气味分子会从中释放出来，并通过你的嘴巴进入你的鼻子。如果你感冒了，你的嗅觉感官就会变得不怎么灵敏，此时你会觉得吃什么东西都没有滋味。请别人将少许梨、胡萝卜、洋葱和苹果分别放入 4 个相同的碗中，然后你蒙住眼睛，捏住鼻子，逐个尝尝 4 个碗里的食物。你能在不依靠嗅觉的情况下，分辨出它们分别是什么食物吗？

独树一帜的嗅觉

每个人鼻子里的嗅觉感受器在组成上多少都有些差异，因此人们对气味的感受也稍有不同。有些人具有十分独特的嗅觉……

患有嗅觉异常症的人能够闻到一些实际上并不存在的气味，如有人能够闻到混合有鱼肉和薯条的面糊味，以及烤焦的吐司面包味，而当时他身边根本就没有薯条或吐司面包。

通感症会使人的不同感官发生错乱。例如，当他们看到一些词语时，可能会同时闻到一股突如其来的味道；当他们闻到某种气味时，又会看到一种强烈的色彩。

如果你闻不到某种气味，你可能患有特定的嗅觉缺失症。例如，平均每 1000 个人中就有一个人闻不到丁硫醇的味道——这个人真是个幸运儿，因为丁硫醇闻起来就像是臭鼬在放屁！

挥汗如雨

虽然汗液的气味不太好闻，不过它对于防止人体过热具有重要作用。当你进行剧烈运动时，你在一个小时里就能够排出 1 升的汗液。

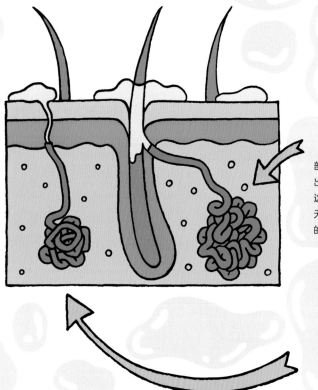

降温器

当你感到很热的时候，你身上的汗腺就会开始分泌汗液，并从皮肤表面 200 万 ~400 万个被称为"毛孔"的小孔中流出。

随着汗液从你身体表面逐渐蒸发，你的体温也会慢慢地降下来。你知道吗，你身体上有着两种不同的汗液和汗腺。

顶泌汗腺也叫"大汗腺"，仅见于身体的某些部位，通常是毛发较多的那些地方。顶泌汗腺会排出少量含有蛋白质和脂肪酸的黏稠而多油的汗液，这种液体的气味实在难闻，况且生活在你皮肤上的无数个细菌还以这些分泌物为食！这会使得你散发的气味更加"妙不可言"。

外泌汗腺也被称为"小汗腺"，它们分泌的多是清澈、纯净的汗液，其中 99% 都是水分，此外还有少量盐分和其他物质。当这种汗液驻留在你的皮肤表面时，几乎不会散发出什么气味。这真是一个好消息，因为这种汗腺遍布你的全身。

臭脚

细菌喜欢在温暖潮湿的角落和缝隙里蠕动，你那双多汗的小脚丫就为它们提供了绝佳的生存环境。它们以凋亡的皮肤细胞和身体分泌的油脂为食，并代谢出具有酸臭味的废物。这就是你的脚丫会发臭的原因，都怪它们！

2013 年，都柏林圣三一学院的科学家们展示了一块奶酪，是他们利用腋窝和臭脚上的细菌制作而成的。当然，这种奶酪肯定不是给人吃的。

闻汗识电影

澳大利亚的一项研究表明，我们可以通过汗液来判断一个人的情绪。研究人员先让被试者套上用来收集汗液的特殊衬垫，然后让他观看恐怖电影和家庭喜剧电影。之后让其他人通过嗅闻衬垫上的气味，来分辨哪个衬垫是被试者在观看恐怖电影时所套的。

彩虹汗

有些人的汗液不是无色的，可以是黄色、蓝色，甚至绿色！这属于一种被称为"色汗症"的罕见病症，它与人体内的一种名为"脂褐质"的色素有关。

嗅觉职介所
气味鉴定师

除臭剂当中含有一种杀菌成分，可以用来解决难闻的汗液。但如何知道它是否有效呢？这时候就需要气味鉴定师出场了。

气味鉴定师主要为一些科研机构和化妆品公司工作，他们的工作包括嗅闻被试者的腋窝，以检测除臭剂在使用后几个小时的抑菌效果。

最臭的鞋

运动鞋的气味太难闻了？你可以把它们拿出去透透气，或者……强忍着这股臭味，去参加最臭运动鞋大赛！

美国臭鞋大赛始于1974年，参赛者为5~15岁的青少年。2014年，乔丹·阿姆斯特朗的运动鞋被评为美国最臭的运动鞋，这个结果是由一个专家委员会评出的，其中甚至包括美国国家航空航天局（NASA）的气味学家，有"NASA神鼻"之称的乔治·奥德里奇。

赛后，我们对乔丹进行了深度采访：

问：首先，请问你的运动鞋是如何做到这么臭的？

答：说实话，我也不太清楚！我想可能是我在这两年里坚持每天都穿着它们，还有就是我是天生的汗脚，所以此次"胜出"应该是这两个因素共同作用的结果。不过获得这个奖我还真……有点儿惭愧，我想一般人是不会轻易把它写进自己的简历中的！

问：听说你连睡觉时都穿着这双鞋，是真的吗？

答：是的。在比赛的前一天晚上，我感到非常紧张，担心这双鞋的臭味会变淡，所以我决定穿着鞋睡觉。我还用塑料袋把它们包了起来，以确保我的脚整夜都在出汗。

问：那你的家人是如何看待你这双臭鞋的？

答：他们对我说，我的脚有毒，世界上没有人能够顶住我的运动鞋发出的腐臭气味！这双鞋让整个房间都变得臭烘烘的，所以我只能把它们放在车库里。

问：赢得比赛，拥有一双全美国最臭的运动鞋，你有何感受？

答：这真是一段神奇的经历，这也是目前我所取得的最大成绩！没想到新闻媒体不仅要采访我，还要邀请我上电视节目。我的照片甚至出现在了纽约时代广场的大屏幕上！

问：这双获奖的运动鞋你准备如何安置？

答：它们如今被存放在全国腐臭运动鞋名人堂中，与以往的历届冠军们待在一起。我希望能把它们锁进一个玻璃柜中，这样人们就不用再闻到它们散发的臭气了！

嗅觉实验室

闻袜识人

每个人的臭脚丫所释放的气味都是不同的。你能否从一排臭袜子中找到自己的那只呢？找几个外形相同、带有盖子的容器，然后让你的几个朋友分别把他们气味最重的那只袜子放进去。最后蒙上眼睛，轮流闻一闻，找到属于你的那只袜子吧。每次测试前可以先把盒子的顺序打乱，以防有人作弊！

秘密武器!

不必脸红，每个人都会放屁，屁有时也被称为"矢气""肠气"等。可以肯定的是，不论我们怎么称呼它，我们每个人每天都要放大约半升的屁!

屁的臭味从何而来?

屁中大约 99% 的成分是无味的，真正的臭味来自剩下的这 1%!

真正的罪魁祸首是硫化物，屁的恶臭味就是它制造的。你可能闻到过一种非常臭、味道类似臭鸡蛋的屁，那就是硫化氢搞的鬼，它总是爱好恶趣味。

它是一种气体!

科学家们将屁这种气体称为"肠胃气"。你在吃饭、喝水时，会顺带着吞下少量的空气，而你放出的屁主要就是由这些空气汇聚而成的。此外，在你的肠道里生活有大量的细菌来帮助你消化食物，它们也会产生一部分气体。

这些混合气体会经过你的胃肠道，经过臀部的肛管直肠环排放出去。当气体通过肛管直肠环时，可能会发生振动，因此你的屁也就有了声音效果!

有毒的白蚁

会放屁的白蚁也要对全球变暖负一定的责任，真的。据估计，这种白蚁每年会向大气释放约 2000 万吨甲烷气体，相当于英国全境每年甲烷排放量的 6 倍。这种气体会阻碍地球表面热量的散发，导致大气升温。

嗅觉实验室

放屁日志

你每天会放多少个屁？普通人平均每天会放 10~20 个屁，你觉得自己放的屁是比这个数字更多，还是更少呢？你可以准备一个本子，记录每天放了多少屁，坚持一周或几天，来看看真实的结果吧！

空中飞屁

2015 年，一架波音 747 货运飞机在飞行途中紧急迫降印尼巴厘岛，因为机组人员认为飞机上发生了火灾。

事后发现，原来是飞机上运载的 2000 只山羊放了太多的屁，导致直接触发了烟雾报警！

关于放屁的传言与真相

"臭屁不响"可能只是一句虚言，因为屁的臭度与声响没有太大的关系。不过还有句话是"豆子，豆子，放屁臭死"，你觉得这句话可信吗？

答案揭晓——这种说法是有一定道理的。因为豆子被吃到肚子里后，容易产生大量气体，也就是说，会使你放更多的屁！一些含硫较多的食物，包括肉、蛋和菜花等，也会让你的屁臭上加臭。

防臭屁内裤！

英国的施瑞迪斯公司设计了一款"防臭屁内裤"，能够吸收屁的一部分臭味！

这种内裤里含有一层新型活性炭材料，能够保护人们免受臭屁的摧残。

嗅觉职介所
"屁"学家

"屁"学家会研究屁的成分，以及人们放屁的频率——通常是每天放 10~20 个屁。这就意味着，每秒钟都有将近 130 万个人的屁声，此起彼伏地回荡在地球的各个角落！

动物的体味

动物可以利用体味来宣示领地、求偶及躲避捕食者，为了能够充分地利用这种能力，它们创造出了各种了不起的办法。

伪装大师

如果你能想办法让蚂蚁帮你养育后代，为何还要自己动手？大蓝蝶的幼虫身上有一层蜡质的保护层，使它们闻上去就像是蚂蚁的幼虫。这会使某些类型的蚂蚁受骗上当，把它们误认为是自己的后代来抚养，抚养期最长可达两年！

吃独食

有的小朋友担心自己的食物被兄弟姐妹抢走，所以会先在食物上面舔上一圈。而狼獾这种动物做得更绝。作为鼬科动物当中个头较大、生性凶猛的成员，它们喜欢把吃剩的食物埋藏起来，以供日后享用。不过，在埋藏之前，它们会先在食物上撒一泡尿，利用尿液中类似麝香的强烈气味来吓退其他妄想偷吃之徒。

致命诱惑

狡猾的链球蛛根本不用操心织网的事，它们只需甩动蛛丝，释放出一种类似雌蛾的气味即可。当雄性飞蛾被吸引过来时，链球蛛会用另一根蛛丝将它们牢牢地粘住，然后就可以美美地饱餐一顿了。

大黄蜂会在花朵上留下自己的气味，以便让其他成员知道：这朵花的花蜜已经被我采过了！

家的味道

鸽锯鹱每次离家远行都要在外待上大约两周的时间。而归巢时，等待它们的常常是暮色中的数十个大同小异的鸟巢。不过，这可难不倒鸽锯鹱，它们能够嗅出巢中伴侣身上那种特殊的臭气，从而找到自己的家。

闻闻我的腿窝

凡是属于同一个鹿群的骡鹿，都能在膝盖后面的腿窝处分泌同一种气味。因此，它们每隔差不多一个小时就会闻一闻彼此的腿窝，以确保家族中没有外来者。

母子纽带

很多动物妈妈是依靠嗅觉来辨认它们的宝宝的。在老鼠宝宝出生后的一个小时内，如果老鼠妈妈没能闻到它孩子的味道，那么它就再也认不出自己的孩子了。

不速之客

一个蚁群中的所有蚂蚁都具有同样的气味，当科学家设法将其中几只蚂蚁身上的气味去除后，蚁群中的其他蚂蚁就会把它们当成外来者，群起而攻之。

植物的气味

植物通常会释放香甜怡人的气味，不过也有一些植物是凭借奇臭无比的气味来吸引或驱散某些动物，从而幸存下来的。

山楂树之花

山楂树的花朵会释放出一种浓烈的恶臭气味，其中含有的一种化学物质是动物尸体腐烂发臭的重要成分！

臭菘草

臭菘草散发着腐肉般的气味——好恶心！不过，对于一些苍蝇和蚊子来说，这种味道简直太……美味了，它们纷纷被吸引过来，帮助这种植物传播花粉。

"汗狐狸"

冠花贝母是一种鲜花，它能够散发出一种古怪的，类似潮湿的皮毛、大蒜和硫黄混合起来的味道。也正因如此，人们给它起了个"汗狐狸"的绰号。这种味道可以防止一些生物啃食它的花和叶。

大王花

大王花十分巨大，直径可以达到1米以上，重量可达10千克。大王花也被称为"尸臭百合"，因为它能够释放出一种腐肉般的气味，并以此吸引苍蝇过来帮它授粉。

是银杏啊，快跑

银杏树的雌株在开花期会释放一种死鱼般的臭味。而当银杏果掉落到地面上，并开始腐烂时，它们闻起来就像是某种呕吐物。

臭袜子植物

神奇的北方小泽兰能够释放一种淡淡的类似臭袜子的味道，闻到这种气味的蚊子以为附近有人类，便会赶来四处搜寻，"歪打正着"地当起授粉小能手。

花生酱植物

曼陀罗，也被称为"恶魔的喇叭"和"臭草"，是一种比较诡异的植物。它的花闻起来非常清香，但其他部位闻上去却如同变质的花生酱！

粪便植物

海滨刺芹那深蓝色的外观显得十分优雅，不过它的味道却令人敬而远之——它闻起来就像是狗狗或猫咪粪便的味道！

巧克力雏菊

终于盼来了一个味道好闻的植物！野生的巧克力雏菊之所以被冠上这个名字，就是因为它具有一股浓浓的巧克力气味。哇！

我的地盘

你家的狗狗或猫咪是否曾在地毯或衣物上撒过尿呢？它们这么做是在宣告：这里是我的地盘。许多动物都依靠气味来标记领地。

粪便占领

许多动物都会利用带有自身气味的粪便来作为自己领地的指示牌。

喷溅区

请勿靠近

雄性河马在排便时会疯狂地甩动尾巴，将粪便甩得到处都是。

粪堆

袋熊的粪便是方块状的固体，这种形状不太容易散落，非常适合用来标记领地。

独特的尿液

许多动物都会利用自己的尿液来标记领地的范围。尿液具有一种特殊的气味，可以让其他动物知道这里是谁的地盘，以警示它们不要靠得太近！

熊猫特技

雄性大熊猫有时会倒立着撒尿！这样就可以把尿液喷洒到较高的树干上，使尿液的气味传播得更远，从而对其他大熊猫起到警告的作用。

独领风骚

河马有时会一边撒尿一边用尾巴扇风，这样会使尿液中的气味分子飘散得更远，就像人们使用香水喷雾一样。

爆米花尿

熊狸，也被称为"熊灵猫"，同样依靠撒尿来标记领地。不过，熊狸的尿液闻起来怪怪的，居然带有爆米花的味道！究其原因，原来熊狸的尿液和爆米花中都含有 2- 乙酰基 -1- 吡咯啉（2-AP）这种化学物质。

肛门腺

也有一些动物并不利用尿液或粪便来标记领地，而是会从一种被称为"腺体"的组织中喷射或分泌出强烈的气味来。

恶臭的艺术

臭鼬那臭名昭著的恶臭气味源自它肛门处的腺体。不过，臭鼬的这种臭味并不是无穷无尽的，它体内的臭液只有不到 3 匙，一旦排泄出去，通常需要 10 天才能再次充满。

蹭香

兔子的香腺位于下巴附近。它们会将香腺在植物或地面上蹭来蹭去，以此来标记自己的领地。

斗臭

雄性环尾狐猴有时会为了争夺领地或食物而发生冲突。不过，它们并不会拳脚相向，而是会调动各自的臭腺，来一场臭味大比拼！

环尾狐猴手臂内侧的臭腺能够产生极其浓烈的臭味，但持续的时间并不长。它们的腋窝处能分泌一种褐色的腺液，臭味的持久度相对要长上许多。

当环尾狐猴准备斗臭时，它们会用长而蓬松的尾巴摩擦这两处臭腺，然后甩动尾巴，将臭味扇向对手。

通常用不了几分钟，其中一只环尾狐猴就能凭借自身的臭气胜出，迫使失败者落荒而逃。不过，有时这种争斗也会持续将近一个小时！

嗅觉求生

一些动物依靠嗅觉发展出了巧妙的求生本领，以便能够探测危险或自我防卫。从检测爆炸物，到发动令人作呕的呕吐攻击，动物们把嗅觉运用到了极致。

装死

一些动物，如猪鼻蛇和负鼠，在遇到危险时会装死。

不过，它们可不只是躺在地上双眼一闭这么简单——它们演得非常投入，还会释放一种腐臭的气味，仿佛它们已经死了很久，并且正在腐烂！大部分捕食者都对肉质的新鲜程度有较高的要求，所以会对"死尸"不予理睬，正中这些"死尸"的下怀。

瞒天过海

响尾蛇的视力不太好，但有着灵敏的嗅觉。而作为猎物的松鼠，却自有一套极为巧妙的方法来躲避这个猎手。

当响尾蛇完成蜕皮之后，松鼠会将这些蛇蜕放在嘴里咀嚼，并将唾液抹到身上。这样一来，即使响尾蛇从身旁经过，它所闻到的也只是其他蛇的气味，丝毫不会察觉这其实是一只做了巧妙伪装的松鼠！

气味特战队

经过训练，拥有灵敏嗅觉的狗狗可以帮助人们追捕犯罪嫌疑人、缉毒或搜查爆炸物。除此之外，它们能做的事情还有很多……

巴斯特是一只史宾格猎犬，曾跟随英国皇家空军在伊拉克、波黑和阿富汗服役。通过向训导员报告各种爆炸背心和爆炸装置的位置，它拯救了大约 1000 个人的生命。

布兰迪是一只德国牧羊犬，它在美国纽约市的一架客机上发现了一个可疑的手提箱，里面竟然装满了威力巨大的 C4 炸药。

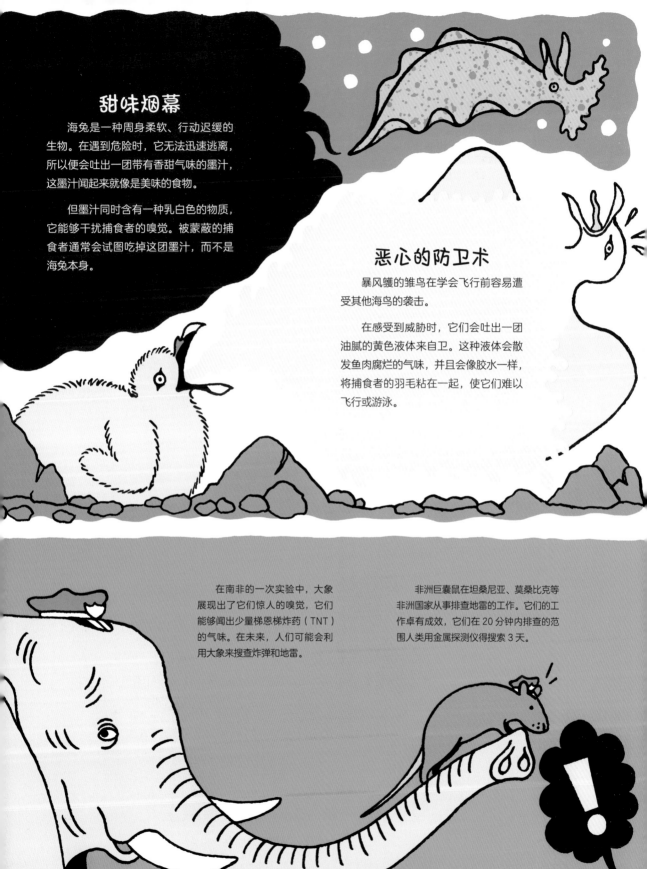

甜味烟幕

海兔是一种周身柔软、行动迟缓的生物。在遇到危险时，它无法迅速逃离，所以便会吐出一团带有香甜气味的墨汁，这墨汁闻起来就像是美味的食物。

但墨汁同时含有一种乳白色的物质，它能够干扰捕食者的嗅觉。被蒙蔽的捕食者通常会试图吃掉这团墨汁，而不是海兔本身。

恶心的防卫术

暴风鹱的雏鸟在学会飞行前容易遭受其他海鸟的袭击。

在感受到威胁时，它们会吐出一团油腻的黄色液体来自卫。这种液体会散发鱼肉腐烂的气味，并且会像胶水一样，将捕食者的羽毛粘在一起，使它们难以飞行或游泳。

在南非的一次实验中，大象展现出了它们惊人的嗅觉，它们能够闻出少量梯恩梯炸药（TNT）的气味。在未来，人们可能会利用大象来搜查炸弹和地雷。

非洲巨囊鼠在坦桑尼亚、莫桑比克等非洲国家从事排查地雷的工作。它们的工作卓有成效，它们在 20 分钟内排查的范围人类用金属探测仪得搜索 3 天。

闻病

从嗅闻病人的耳垢，到利用山羊的臭味来压制瘟疫……千百年来，在气味和健康的关系方面，人们提出了很多有趣的理论。

臭气医生

古希腊医师希波克拉底（前 460 年 ~ 前 377 年）能够通过嗅闻病人的气息来推断其病因。虽说这在现代医学中是一个有用的诊断方法，但希波克拉底的做法更加生猛，他为了查找病因，不仅会嗅闻病人的气息，还会闻他们的汗液、呕吐物、粪便、耳垢和伤口里的脓液。

瘴气

在 19 世纪中叶之前，许多人并不知道疾病是由微生物（如细菌）引起的，而是认为其源自一种被称为"瘴气"的污浊空气。14 世纪，欧洲发生了瘟疫——黑死病，为了免受"瘴气感染"，传染病医生们会戴上一种特殊的面罩，里面填充着香料，有很多的干花。

储屁罐

为了躲避伦敦大瘟疫（1665 年 ~1666 年），医生们提出了一种以毒攻毒的方法来对付瘴气——闻一些更加难闻的东西！有人会在房间里喂养山羊，并保留着它们的粪便；有人会直接把屁放进罐子里，然后小心地保存起来，直到认为自己面临瘟疫的威胁时，才会打开罐子，深深地吸上一口！

地下臭气

1669 年，德国医生约翰·约钦姆·贝歇尔写了一本书，名为《地下物理学》。他在书中宣称，在地下深处有一个"臭气实验室"，里面产生的气味会使地面上的人们生病。

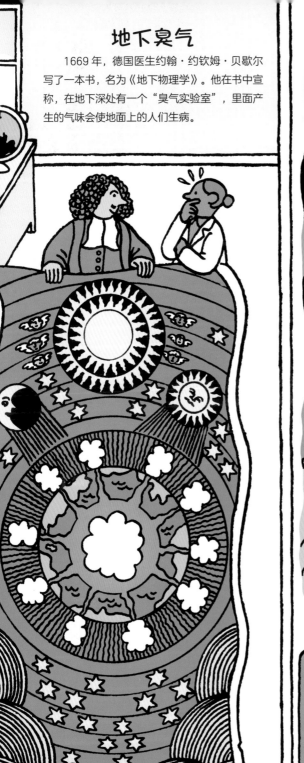

臭味地图

18 世纪 90 年代，一位名叫让·诺埃尔·霍尔的法国医生走遍了巴黎的大街小巷，并为这座城市绘制了一幅详细的气味地图，其中包括污水坑、粪堆和工厂排污管的位置。他想弄明白卫生状况与人类健康之间的关系，以及某些难闻的气味是如何暗藏疾病迹象的。他的工作帮助人们改善了城市环境卫生设施。

嗅觉职介所
闻屁大师

嗅闻异味并不仅仅停留在古希腊时期。如今也有人以"闻屁师"为职业，他们能够通过闻屁来判断就诊者的健康状况。

臭味王室

你是否认为，作为一位国王或王后，他们肯定是香远益清、暗香盈袖？其实不然。历史上，还真有几位浑身散发着恶臭的统治者。

臭名昭著

据说，法国国王路易十四的口臭十分严重，甚至曾熏倒过一些贵妇人！俄国驻法国使节曾经汇报说，国王"闻起来就像只野兽"。

随机应"便"

苏格兰国王詹姆斯四世酷爱打猎，并且讨厌被"人有三急"扰了兴致。据传，当他正在兴头上时，不论是大便还是小便，他都会就地解决——哪怕是穿着衣服骑在马上！

嗅觉职介所
粪便男仆

这个听起来高大上的职务其实是一份非常没有吸引力的工作，其主要职责是为英国国王亨利八世服务，即专门为国王擦屁股！

害怕沐浴

中世纪的许多王室成员都害怕沐浴，因为当时人们认为温水会携带病害。

西班牙女王伊莎贝拉一世表示，她一生中只沐浴过两次，一次是刚出生的时候，一次是在举行婚礼前。

英国女王伊丽莎白一世曾夸赞自己非常爱干净，说自己"一个月沐浴一次，不论是否有必要"！

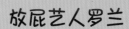

放屁艺人罗兰

大约 900 年前，放屁艺人罗兰在英国国王亨利二世御前作为宫廷弄臣谋生。他表演的主要内容就是按照国王的指令来欢快地放屁。为了表彰他的卖力表演，国王赐予了他一座位于英国萨福克郡的豪华庄园，以及 12 万多平方米的土地。

死后恶臭

大约 1000 年前，征服者威廉去世，他的遗体内充满了气体，当侍臣们好不容易把他的遗体塞进棺材后，可怕的事情发生了。据修道士奥尔德里克·维塔利斯描述，"膨胀的内脏突然爆出，迎面扑来一股刺鼻的恶臭，令人难以忍受"。呃！

臭味炸弹

历史上，人类在战争中经常喜欢使用一些肮脏的招数。有多肮脏呢？比如，发射涂有毒药和粪便的弓箭，或是向城内投射腐烂的马尸。

臭气围城

1340 年，法国的蒂安莱韦克城堡被围困，攻城部队将腐臭的马尸投过城墙。

据记载，一名亲历者将现场描述为"恶臭漫天"，城堡里的人很快就投降了！

臭箭

在 2000 多年前，斯基泰人会用蛇毒、人血和粪便制成毒药，涂抹在箭头上。

当敌人被弓箭射中后，这种可怕的毒药会使伤口感染和溃烂。真是卑鄙！

粪便武器

部队在行军打仗的过程中免不了会产生大量的粪便。为何不设法将它们用于作战呢？

1422 年，卡尔施泰因城堡被围困，进攻者将 2000 担人和动物的粪便投入城堡当中，没过多久就引起了传染病的暴发。

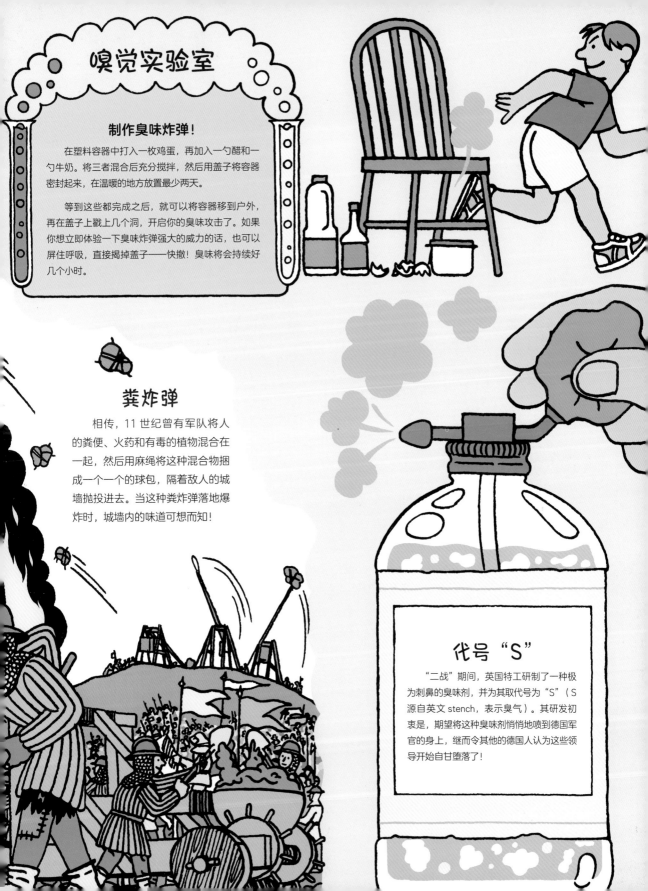

嗅觉实验室

制作臭味炸弹！

在塑料容器中打入一枚鸡蛋，再加入一勺醋和一勺牛奶。将三者混合后充分搅拌，然后用盖子将容器密封起来，在温暖的地方放置最少两天。

等到这些都完成之后，就可以将容器移到户外，再在盖子上戳上几个洞，开启你的臭味攻击了。如果你想立即体验一下臭味炸弹强大的威力的话，也可以屏住呼吸，直接揭掉盖子——快撤！臭味将会持续好几个小时。

粪炸弹

相传，11 世纪曾有军队将人的粪便、火药和有毒的植物混合在一起，然后用麻绳将这种混合物捆成一个一个的球包，隔着敌人的城墙抛投过去。当这种粪炸弹落地爆炸时，城墙内的味道可想而知！

代号"S"

"二战"期间，英国特工研制了一种极为刺鼻的臭味剂，并为其取代号为"S"（S源自英文 stench，表示臭气）。其研发初衷是，期望将这种臭味剂悄悄地喷到德国军官的身上，继而令其他的德国人认为这些领导开始自甘堕落了！

除臭奇招

古往今来，为了去除或掩盖臭味，人们想出了各种办法。其中的一些似乎有点儿古怪……

漱口

相传，最早的口臭治疗师生活在 4700 多年前，漱口水更是五花八门。

用人尿漱口的做法曾在古罗马时期风靡一时，其中从葡萄牙进口的人尿价格最高，被当作口气清新剂和牙齿增白剂来使用。

抗击体味

在古埃及的炎炎夏日里，一些人会在头上顶着锥形的脂肪和蜂蜡，借此来掩盖一些难闻的气味。

脂肪和蜂蜡遇热融化后，会释放出一种香气——同时，液态的脂肪和蜂蜡也会滴落到你的后背上。好恶心！

嗅觉实验室

制作古埃及芳香脂肪锥

制作古埃及芳香脂肪锥你需要用到黄油、浓香水，还得找个比较热的日子，并冲个澡！首先，从冰箱里取出一大块黄油，放置在室温下解冻，直至它变软。其次，往黄油上喷几次香水，将它捏成锥形后，放进冰箱里冷冻。待黄油冻硬之后就可以取出来顶在头上，坐到太阳底下去了。怎么样，味道好闻吗？

除臭趣闻

为了摆脱异味，世界各地的人们纷纷献计献策，奇招频出。

21 世纪初期，法国发明家克里斯蒂·伯安什瓦尔研制出了一种药物，据称可以使人们的臭屁变得香甜，其可供选择的味道包括玫瑰香、紫罗兰香，以及巧克力味！

英国的环保部门在 2009 年成立了"恶臭巡逻队"，负责搜查恶臭的来源，并对相关企业、农场或家庭进行罚款。

印度尼西亚的两名女学生在 2013 年赢得了一项科学奖，因为她们用牛粪制成了液态的空气清新剂。这种纯天然的产品是用发酵的牛粪和椰子汁混合而成的。它能够散发出一种怡人的草香，而这种味道全赖于牛粪里那些被牛咀嚼过却未完全消化的植物。

由于受够了丈夫和两个儿子把厕所搞得臭气熏天，美国家庭主妇苏茜·巴蒂兹配制出了一款以精油为主要成分的芳香剂。目前，这款名为"便变香"的芳香剂已经卖出了 1700 万瓶！通过在马桶水面上形成一层隔绝膜，它能将臭气封闭在水面以下。

城市恶臭

假如时光机能够带你回到过去的某座城市，那么你将会看到满大街蓬头垢面的人，以及粪尿横流的污水沟……大家都在为整座城市变得臭气熏天"添砖加瓦"！

罗马气息

在古罗马斗兽场上根本就没有鲜花和红毯，有的只是成千上万的观众因流汗而散发出的阵阵体味，以及从野兽和伤亡的角斗士身上飘来的恶臭。斗兽组织者会用红酒熬制藏红花和香料，并通过管道将这种气味输送到斗兽场内，以尽量掩盖住种种恶臭。

大澡堂

大部分古罗马人的家里并没有香皂、流动水源或浴池，因此他们只得前往公共浴池，与数十个同样蓬头垢面的"泥人"共用污浊的池水。仆人们会往沐浴者的身上倾倒橄榄油，并用一种名为"刮身板"的器具刮掉他们身上的污垢。

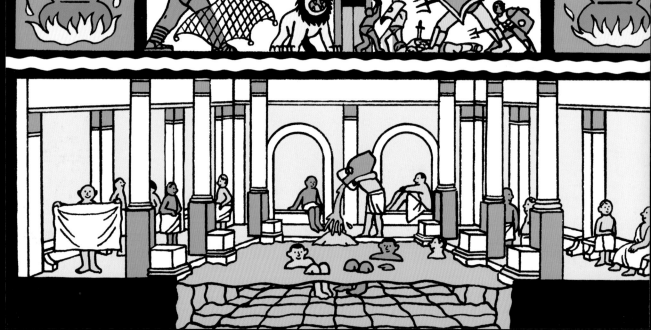

伦敦大恶臭

19 世纪，有超过 300 万人居住在英国伦敦市，但这里并没有良好的排污系统。人们将粪水直接倒入河中，或是倒进污水坑中，这种污水坑遍布整座城市。

1858 年的夏季干旱少雨，泰晤士河的水位持续下降，很多河段都发生了断流，整个伦敦市都笼罩在一股"大恶臭"当中。由于恶臭难挡，议会被迫关闭，数千人逃离了城市。

为了拯救伦敦市以及全体市民的鼻子，工程师约瑟夫·巴泽尔杰特想出了一个天才的方案。他的团队利用 3.18 亿块砖头修建了一个庞大的排污管道系统，可以将废水安全地转移出去。这套系统至今仍在发挥作用。

泰尔紫

2000 多年前，泰尔古城（今黎巴嫩）出产一种高价的紫色染料，它是用小小的海洋生物——骨螺提炼而成的。这种紫色染料的价格比黄金还贵，但要想制作这种染料，就需要将成千上万的骨螺放在烈日下任其腐烂，或是放入一个装满人尿的大桶里熬制数天时间。这两种提炼方法都会散发出浓烈的恶臭！

马粪围城

19 世纪的美国纽约城里到处都是马匹，每天有将近 20 万匹马拖着各种大车小车往来穿梭。于是，繁荣的副产品就产生了——大街上布满了马粪。每天，"新鲜出炉"的马粪光重量就接近 200 万千克，相当于 6 架波音 747 客机的重量！

臭不可当！

机器腋窝？人工合成鼻涕？当科学家将他们聪明而疯狂的头脑用在嗅觉领域时，各种稀奇古怪的发明便纷纷冒了出来。

人工合成鼻涕

电子鼻是一种用来检测特定气味的装置，如检测爆炸物或是某些细菌。但是，鼻子离不开什么？当然是鼻涕了！

于是，科学家们研制出了一种人工合成的鼻涕，它可以帮助电子鼻更好地留住气味，为其争取到更多的时间来分析、锁定气味类型！

气味速拍

有一款名为"玛德莱娜"的气味相机，它可以将气味吸入其中，并分析出这种气味的化学成分，然后形成一个气味记录。这就意味着，你可以在将来的某个时刻重现这种气味，有点儿类似于冲洗照片！

机器狗检测

你不确定脚上是否有异味？可以让日本的这只名为"小花"的机器狗来嗅一嗅。

摇尾巴 = 无味

汪汪叫 = 有点儿臭

摔倒 = 太臭了！

臭味机器人

设计师凯文·格里南制作了一个机器腋窝，上面还带有腋毛和人工汗液。呃，为什么要做这种东西？据说，这种发明旨在有朝一日让机器人也能像人类一样发出气味信号。

气味互联网

我们可以通过网络接收声音和视频，那能否接收气味呢？

如今这种设想已成为现实。奥利是一款小型机器人，每当你在社交媒体上收获点赞、评论，或被艾特（@）后，它就会释放出一丝令人愉悦的香气。

刮一刮，闻一闻

用手在一张有桃形凸起的纸上刮一刮，便能闻到一股香甜的桃子味。太神奇了！这是如何实现的呢？先将香精与一种稀软得像油一样的塑料混合在一起，然后这种塑料会逐渐变硬，成为一个个含有这种香气的塑料球囊。当你刮它的表面时，它会微微裂开，里面的香气也就重新被释放出来了！

我为香气狂！

很多令人意想不到的事物都可以成为香水香气的来源，例如海狸的屁股，没想到吧？此外，人们还设计了一些闻起来跟"美妙"不太沾边的香水。

烟熏火燎

"Perfume"（香水）这个单词源自拉丁语，意思是"通过冒烟"。因为早期的香味往往是通过点燃香料，特别是草本植物来释放的。这种做法被称为"熏香"，几千年前的古埃及人就已经掌握了这种方法。

"醍醐"灌顶

早在公元 1 世纪前后，阿拉伯的药剂师就学会了液体香水的制作方法，即将花朵精油与酒精按比例混合起来。公元 13 世纪，用迷迭香与白兰地酒混合调制的香水曾风靡一时。有的人认为这种香水能够去除疾病，因而会将全身都浇上这种香水。

动物香料

香水通常是一种闻起来令人愉悦的混合物，不过人们也曾在里面混入过一些令人意想不到的东西，包括山羊毛和火药，以及下面这些重口味的成分：

鲸"结石"

龙涎香是一种灰色或黑色的蜡状芳香物质，是抹香鲸肠胃的病态分泌物，类似结石。在它刚刚离开鲸体内的时候，它散发着一股如同下水道般的恶臭。不过，随着它慢慢变干，它就会散发出持久芳润的木质香气，成为调香师们的宠儿。

海狸屁股

海狸的肛门腺可以分泌出一种浓稠的黏液，以便它们用来标记自己的领地。而它们的这种腺体在晒干后会产生一种极为浓郁、带有些许香草味道的香气。

石化粪便

这种形似豚鼠的南非岩狸的粪便是一种昂贵的香料，特别是那些留存上百年的粪便。经过岁月的沉淀，这种粪便会变得像石头一样坚硬，并能使香水带有一抹迷人的土质气息。

奇妙的香水商店

货真价实，童叟无欺！

可爱龙虾味

可爱龙虾味香水的味道正如它的名字一样古怪！生产这款香水的公司还研制有其他种类的香水，不过它们闻起来更像是蜡笔和丧尸！

车库味

车库味香水中含有一些特殊的物质，能够再现皮革、汽油和塑料的气味。

斯蒂尔顿奶酪味

这可不是杜撰的，为了让斯蒂尔顿奶酪更受欢迎，斯蒂尔顿奶酪生产商协会专门发售了这款臭烘烘的香水。

烟熏牛堡味

对汉堡情有独钟？你可以试试这款香水，它会使你闻起来就像是刚烤出来的汉堡王汉堡。

嗅觉实验室

制作自己的专属香水

1. 在一小锅沸水中加入两杯玫瑰花瓣（或是其他具有浓郁香味的花朵）；

2. 等待 1 个小时，直到水冷却下来；

3. 将水倒掉，然后用勺子将花瓣捣烂；

4. 往花瓣泥中加入 1~2 滴香草精，然后用漏斗将混合液倒入瓶中。

品质保证

绝对不含鲸"结石"或海狸肛门腺！

41

臭味星球

我们的地球上从来都不缺乏各种味道，不论是清香还是腐臭。加入我们，一起开启一段有滋有味的环球之旅吧！

英国伦敦市

从伦敦的希思罗机场出发，游客们可以追随着气味游遍世界各地。泰国充满了姜、椰子和柠檬草的气味，而日本的气味则包括绿茶、海藻和贝壳。

美国加利福尼亚的吉尔罗伊市

小城吉尔罗伊自称为"世界大蒜之都"，每年7月都会举办盛大的庆典活动（活动期间你可以品尝到蒜味冰激凌），甚至连住在该城5千米之外的居民都能够闻到一股浓浓的大蒜味！

巴西的巴卡雷纳市

2015年的巴卡雷纳市可能是世界上最难闻的地方。当时有一艘载有5000头奶牛的船只发生了侧翻，腐烂的奶牛尸体被源源不断地冲到岸边，释放出一股令人难以忍受的恶臭。呃！

南非海豹岛

在南非海豹岛这座不起眼的礁石岛上生活着6万多只海豹。小岛附近的海域里游荡着成群的鲨鱼，死鱼和海豹粪便的臭味挥之不去，你应该不会想在这样的小岛上度假的……

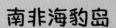

法国布洛涅市

2004 年，一个由 19 人组成的专家组将产自布洛涅市的老布洛涅奶酪评为世界上最臭的奶酪。这种奶酪是用牛奶制作的一种软奶酪，散发着类似粪便和烂树叶的气味。相比之下，它的口感还是相当美味柔滑的。

中国南京市

中国有很多人都不喜欢"新车"的气味，为此汽车生产商福特公司的南京研发中心专门雇用了 18 位被称为"金鼻子"的气味评价师，负责评价在中国销售的汽车上的各种零部件有无气味残留。这些"金鼻子"上班时不能涂指甲油或喷香水，就怕会影响他们的工作表现！

你能用不同的语言说出"发臭的"吗？

汉语：	发臭的 (fā chòu de)
捷克语：	páchnoucí
德语：	stinkend
意大利语：	puzzolente
日语：	臭い (kusai)
波兰语：	śmierdzący
西班牙语：	maloliente
土耳其语：	pis kokulu

新加坡

由于榴梿这种水果的气味过于难闻，新加坡的地铁禁止乘客携带榴梿进站。泰国和马来西亚也有类似的规定。人们将榴梿的味道描述为洋葱、臭鸡蛋、臭袜子和卷心菜的混合气味。嗯，确实！

新西兰的罗托鲁阿市

热气腾腾的温泉泳池，咕嘟冒泡的泥巴浴，这些听起来真不错，但千万要当心！罗托鲁阿市的火山活动会产生很多带有浓重臭鸡蛋气味的硫黄，这种物质会落到你的头发和衣服上，即使经过清洗，也很难彻底去除。

摩洛哥的非斯市

大量的兽皮会在非斯市进行鞣制处理，以便它们能被做成皮鞋、皮包或其他商品……不过由此产生的恶臭也是一大问题！兽皮会先被浸泡在装有牛尿的大罐子里，然后再浸入掺着鸽子粪便的大水缸中。鸟类的粪便中含有氨，有助于软化兽皮。

澳大利亚的巴特曼斯贝市

巴特曼斯贝是一座海滨小城，2016 年，这里灰头狐蝠的数量激增至以往的 3 倍，小城很快便被狐蝠们的粪便所笼罩，真是恶心！除了这种"天屎"以外，当地的居民还不得不忍受着雄性狐蝠身上散发的味道，因为它们正是依靠这种刺激性的气味来标记自己的领地的。

太空味道

大部分太空接近于真空状态，这就意味着，在太空中几乎没有粒子能够携带着气味信息进入你的鼻孔。不过，太空中也不是完全没有味道的……

太空牛排

当宇航员出舱进行太空行走时，他们能闻到的只有自己航天服上的塑料味。但当他们结束任务再次返回太空舱时，许多宇航员都说他们闻到了一股奇怪的味道，它吸附在他们的头盔、防护服和手套上。

这种源自太空的气味，或者至少代表着我们太阳系部分气味的味道，是烤牛排味和热金属味的混合体。有的航天员喜欢这种气味，有的却无比反感！

辣味太空

辣椒酱是航天员们最喜欢带上太空的调味品，你知道这是为什么吗？

其原因在于，在太空微重力的环境下，你体内的液体会向上流动，结果就是令你感到鼻塞，继而使你的味觉和嗅觉敏感度降低，觉得食物寡淡无味。不过，辣椒酱的味道还是一如既往地具有冲击力！

火药味月球

曾有 12 个人先后登陆过月球。其中有些人表示，月球上的气味就像是燃尽的火药，有点儿类似于玩具手枪上用过的弹药轮盘。

彗星嗅探者

当科学家们操控探测器首次在彗星上着陆的时候，他们惊奇地发现：第一个来"迎接"他们的居然是一股强烈的臭味。

"罗塞塔号"彗星探测器在代号为 67P 的彗星上检测到了一种惊人的混合物，它闻上去就像是猫尿、臭鸡蛋、醋和苦杏仁的结合体。

覆盆子味星云

在银河系的中央有一个巨大的水果味尘埃云，真的！

它里面含有大量名为"甲酸乙酯"的物质，这种物质具有水果样的香气，甚至有点儿像是覆盆子的味道。

臊臭的行星

我们太阳系中的每颗行星都有着不同的味道，因为它们都是由不同的物质构成的。

科学家们认为，金星和火星上应该会有臭鸡蛋的气味，而木星多样化的大气层中则会含有尿臊味、臭鸡蛋味和杏仁糖味。

臭臭的通关测试

怎么样，是不是觉得自己已经成为臭味鉴定方面的专家了？那么，在不偷看页面底部答案的情况下，看看你能否答对下面的这些问题吧。如果答对了 12 题以上，你就尽情地"臭美"一下吧。

1. 你能说出一个被科学家认为具有臭鸡蛋气味的行星的名字吗？

2. 赢得 2014 年美国臭鞋大赛冠军的孩子叫什么名字？

3. 下列哪种动物会斗臭：海兔、猪鼻蛇，还是环尾狐猴？

4. 哪座著名的城市在 1858 年发生了"大恶臭"事件，导致许多人逃离城市？

5. 什么酸具有强烈的干酪和呕吐物的味道？

6. 澳大利亚哪种动物的粪便是方块状的？

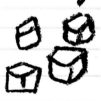

7. 你的双脚最多一天能够排出几杯汗液？

8. 哪种擅长放屁的动物在 2015 年导致一架波音 747 货运飞机实施了紧急迫降？

9. 新加坡明文禁止携带什么水果进地铁？

10. 患有色汗症的人的汗液会有什么不同之处？

11. 哪种动物的胃肠道能够分泌出难闻的龙涎香，而后者又被用来生产香水？

12. 开花期的银杏树雌株闻起来像是哪种动物的尸体？

13. 将牛粪改造成空气清新剂的两位女生是哪个国家的人？

14. 哪种臭味物质既存在于人类粪便，也存在于某些冰激凌当中？

15. 负责为亨利八世擦屁股的人的职务名称是什么？

答案：

1. 金星，火星，木星（第 45 页）；2. 乔丹·阿姆斯特朗（第 16 页）；3. 环尾狐猴（第 25 页）；4. 伦敦（第 37 页）；5. 酪酸（第 10 页）；6. 袋熊（第 24 页），7. 2 杯（第 7 页）；8. 山羊（第 19 页）；9. 榴莲（第 43 页）；10. 他们的汗液不是无色的（第 15 页）；11. 抹香鲸（第 40 页）；12. 狗（第 23 页）；13. 印度尼西亚（第 35 页）；14. 粪臭素（第 10 页）；15. 乘便喷仆（第 30 页）。

气味词汇

人工

人为的（区别于"天然、自然"）。

大气层

大气圈。地球的外面包围的气体层。按物理性质的不同，通常分为对流层、平流层、中间层、热层和外逸层等层次。

细菌

原核生物的一大类，形状有球形、杆形、螺旋形、弧形、线形等，一般都通过分裂繁殖。自然界中分布很广，对自然界物质循环起着重大作用。有的细菌对人类有利；有的细菌能使人类、牲畜等发生疾病。

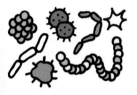

侧翻

书中指船只在水中向一侧倾斜并沉没。

尸体

人或动物死后的身体。

除臭剂

具有除臭功能的一类高分子材料助剂。

蒸发

液体表面缓慢地转化成气体。

腺体

生物体内能分泌某些化学物质的组织。

肠

消化器官的一部分，形状像管子，上端连胃，下端通肛门。分为小肠、大肠两个部分，起消化和吸收作用。通称肠子。

分子

物质中能够独立存在并保持本物质一切化学性质的最小微粒，由原子组成。

黏液

人和动植物体内分泌的黏稠液体。

嗅球

每侧大脑半球前端的卵圆形灰质块。属嗅脑。

刺鼻气味

气味浓烈，使人闻着不舒服。

脓液

某些炎症病变所形成的黄绿色汁液，含有大量白细胞、细菌、蛋白质、脂肪及组织分解的产物。

排水系统

排除地面水和地下水的各级排水沟（管）道及建筑物设施的总称。

围攻

包围起来加以攻击。

太空行走

航天员离开载人航天器，进入太空活动。

物种

生物分类的基本单位，不同物种的生物在生态和形态上具有不同特点。物种是由共同的祖先演变发展而来的，也是生物继续进化的基础。一般条件下，一个物种的个体不和其他物种中的个体交配，即使交配也不易产生出有生殖能力的后代。简称种。

合成

通过化学反应使成分比较简单的物质变成成分复杂的物质。

索引